Dr. Maryam Mirzakhani

An Angel For Mathematics

Images and text:

Dr. Pardis Bahmani

For sky, light, earth and rain

And every girls and women that work hard

One of the good days of May 1977, Maryam was born in Tehran, the capital of Iran. Iran is a country with a very long history in culture, art and science and many famous people were born in Iran who have a great impact on science and knowledge in Have had the world. But when Mary was born, no one thought she would one day become one of the world's greatest mathematicians. The language of Iran is Persian, although different ethnic groups live in Iran. In the past, Iran was a much larger country.

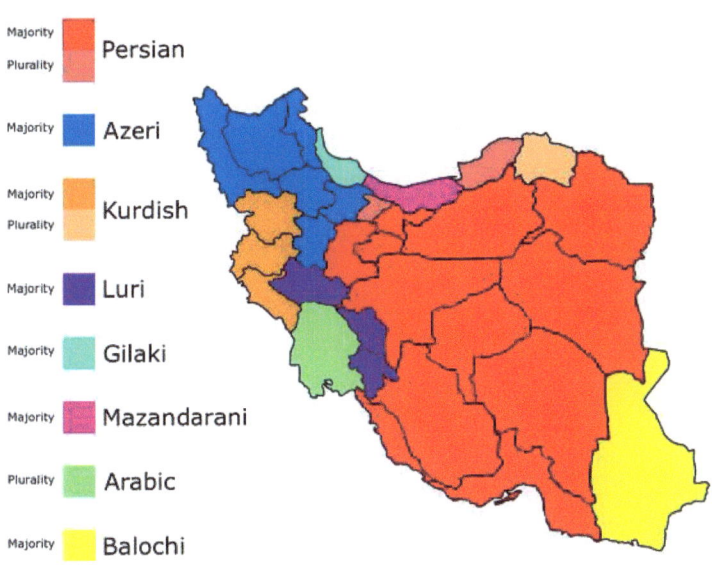

Maryam in Iran, like all little girls, was interested in games and stories. He read a lot of books and even wanted to be a writer when he grew up so he could write a lot of stories. Maybe that's why he was so interested in mathematics because he was interested in finding the relationship between numbers and arithmetic, and maybe he saw mathematics as an attractive language for storytelling in the world.

Maryam worked hard in high school in mathematics and won gold medals at the 1994 and 1995 World Mathematical Championships in Hong Kong and Canada. After that, he received a bachelor's degree in mathematics from one of the most important universities in Iran (Sharif University).

Maryam's distinguished position in mathematics was recognized by world-class universities, and Maryam received her Ph.D. from Harvard University in 2004. At this time, many important universities in the world were interested in Maryam becoming their professor of mathematics. Maryam taught at Princeton and Stanford Universities and has received numerous Math Awards from the American Mathematical Society, the most important of which, perhaps the most important event in Maryam's life and appreciated by the world, was in 2014, when Maryam was the first And she is the only woman to win the Fields Award.

The Fields Prize and Maryam's other scientific activities in mathematics were so important that the International Union of Mathematical Societies named Mary's birthday on May 22 as International Women in Mathematics Day. As Maryam has been interested in storytelling and writing since she was a child, it can be said that she wrote the most important mathematical story in the world. A story that all women can be proud of forever. This is the story of a new world that Maryam created with effort for all girls, especially Iranian girls and her own daughter Anahita.

Mirzakhani with her daughter.

Many hardworking and influential women have lived in Iran from the past to the present, many of whom are not known to the people of the world. The ancient Iranians celebrated the day of woman, mother and earth together and called it SepandarMozgan. It is interesting to note that this day on March 20 is just a day away from Valentine's Day as a day of love. While this Iranian celebration is much older and has a cultural history. The girls of this land can show their society and culture to the world more by trying and acquiring science and art.

Knowledge is like a bright light that can open closed and dark paths. As Maryam was able to shine with her knowledge and of course be a model for all women and even all human beings.

Maryam's life is perhaps the best example of trying without considering the fringes of society and adversity. Maryam was born in a third world country, but in a situation that may not have been very suitable for the development and development of talents, she was able to show her abilities with her personal effort and attention. Maryam faced many crises in Iran, revolution and regime change, the eight-year war imposed by neighboring Iran (Iraq), social and economic crises after the war. But Maryam did not give up under the pretext of these unfavorable conditions, and as she herself had said in the last days of her life, she was happy to have done her part.

Women have always had a very important impact on the world. From the beginning of the formation of primitive societies and prehistoric lives when maternal systems were established for the survival of life to the existence of influential women who, in addition to the fundamental duties of motherhood, have taken important steps in the progress of humanity. Mary also played a role like the mythical goddesses of today.

The image of the Parthian goddess about 3,000 years ago in Syria

تصویر الهه دوران اشکانی حدود 3000 سال پیش در سوریه

زنان همواره در جهان تاثیرات بسیار مهمی داشته اند. از ابتدای تشکیل جوامع اولیه و زندگی های قبل از تاریخ که نظام های مادرسالانه برای بقای زندگی برقرار بود تا وجود زنان تاثیر گذاری که علاوه بر وظایفه بنیادین مادری، در پیشرفت بشریت گام های مهمی برداشته اند. مریم نیز نقشی مانند الهه های اسطوره های در زمان حاضر داشت.

تصویر ملکه ناپیراسو حدود 4000 سال پیش در حکومت عیلامی ایران

Image of Queen Napirasu about 4000 years ago during the Elamite rule of Iran

زندگی مریم شاید بهترین مثال برای سعی و تلاش بدون توجه به حواشی جامعه و ناملایمات باشد. مریم در یک کشور جهان سوم بدنیا آمد اما در شرایطی که شاید خیلی هم مناسب پیشرفت و پرورش استعدادها نبود، با تلاش و توجه شخصی خودش توانست قابلیت هایش را نشان دهد. مریم در ایران با بحران های زیادی مواجه بود، انقلاب و تغییر رژیم، جنگ هشت ساله تحمیلی از سوی کشور همسایه ایران (عراق)، بحران های اجتماعی و اقتصادی پس از جنگ. اما مریم به بهانه این شرایط نامساعد، دست از تلاش نکشید و همانطور که خودش در روزهای پایانی عمرش گفته بود، خوشحال بود که سهم خود را ادا کرده است.

دانش همچون چراغ روشن است که می توان با آن راه های بسته را گشود. همانگونه که مریم با کسب علم و دنش توانست بدرخشد و البته الگویی برای همه زنان و حتی همه انسان ها باشد.

زنان پرتلاش و تاثیر گذار بسیاری در ایران از گذشته تا کنون زندگی کرده اند که بسیاری از آنها را مردم دنیا نمی شناسند. ایرانیان کهن روز زن، مادر و زمین را با هم جشن می گرفتند و به آن سپندارمذگان می گفتند. جالب است که گرامی داشت این روز در 29 اسفند فقط جشن روز با ولنتاین به عنوان روز عشق فاصله دارد. در حالیکه این جشن ایرانی بسیار قدیمی تر است و سابقه فرهنگی دارد. دختران این سرزمین می توانند با تلاش و کسب علم و هنر جامعه و فرهنگشان را بیشتر به دنیا نشان دهند.

جایزه فیلدز و دیگر فعالیت های علمی مریم در ریاضی آنقدر مهم بود که اتحادیه بین المللی انجمن های ریاضی تولد مریم در 22 اردیبهشت را به عنوان روز جهانی زن در ریاضیات نامگذاری کرد. همانطور که مریم از کودکی به داستان گفتن و نوشتن علاقه داشت، شاید بتوان گفت مهم ترین داستان ریاضی دنیا را نوشت. داستانی که به خاطر آن همه زنان می توانند تا ابد می توانند مفتخر باشند. این داستان دنیای جدیدی است که مریم با سعی و تلاش برای همه دختران و مخصوصا دختران ایرانی و دختر خودش آناهیتا ساخت.

Mirzakhani with her daughter.

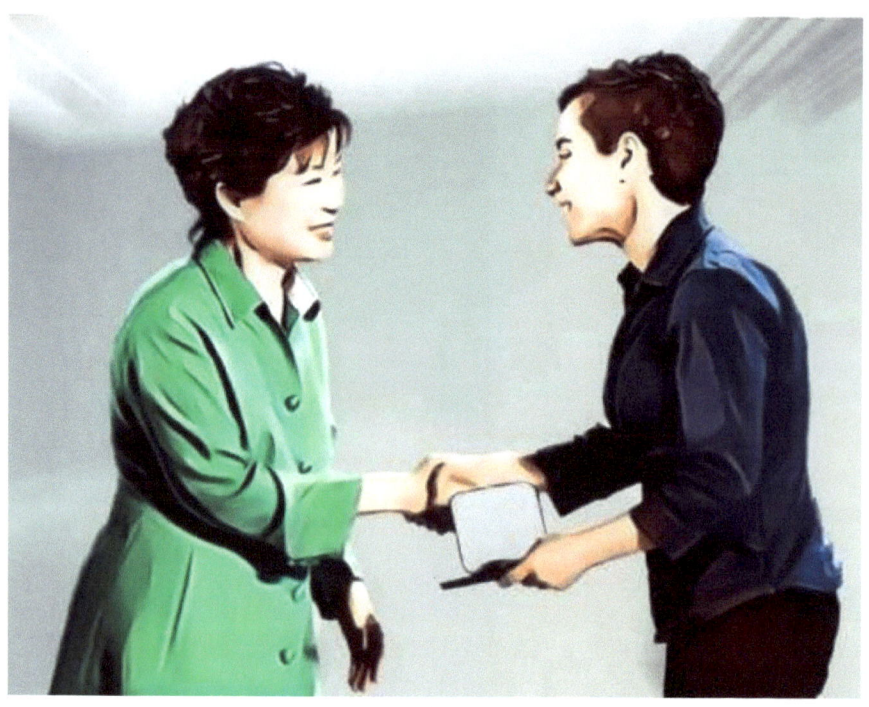

موقعیت ممتاز مریم در ریاضی مورد توجه دانشگاه های سطح یک دنیا قرار گرفت و مریم توانست در سال 2004 مدرک دکتری خود را از دانشگاه هاروارد بگیرد. در این زمان بسیاری از دانشگاه های مهم دنیا علاقه مند بودند تا مریم استاد ریاضی آنها شود. مریم در دانشگاه پرینسون و استنفورد مشغول تدریس شد و در همین حین جایزه های ریاضی زیادی از انجمن های ریاضی آمریکا دریافت کرد که مهمترین آنها که شاید مهم ترین رخداد زندگی مریم باشد که برای همه جهانیان قابل تقدیر است، در سال 2014 بود که مریم اولین و تنها زنی است که جایزه فیلدز را برنده شد.

مریم در دبیرستان در ریاضی بسیار پرتلاش بود و در سالهای 1994 و 1995 در مسابقات جهانی ریاضی در کشورهای هنگ کنگ و کانادا مدال طلا گرفت. بعد از آن در یکی از دانشگاه های مهم ایران(دانشگاه شریف) مدرک کارشناسی ریاضی گرفت.

مریم در ایران مانند همه دختران کوچک به بازی و داستان علاقه داشت. او کتاب های زیادی می خواند و حتی دوست داشت وقتی بزرگ شد نویسنده شود تا بتواند داستان های زیادی بنویسد. شاید به همین دلیل به ریاضی هم خیلی علاقه داشت چون پیدا کردن رابطه بین اعداد و محاسبات برایش جالب بود و شاید ریاضی را یک زبان جذاب برای داستان گویی در دنیا می دید.

یکی از روزهای خوب اردیبهشت ماه سال 1356، مریم در شهر تهران، پایتخت کشور ایران بدنیا آمد. ایران کشوری با سابقه بسیار طولانی در فرهنگ، هنر و دانش است و افراد سرشناس بسیاری در ایران بدنیا آمده اند که تاثیرات زیادی در علم و دانش در جهان داشته اند. اما وقتی مریم به دنیا آمد کسی شاید فکر نمی کرد که او روزی یکی از بزرگترین دانشمندان ریاضی دنیا شود. زبان ایران فارسی است اگرچه اقوام مختلفی در ایران زندگی می کنند. در گذشته ایران کشور بسیار بزرگتری بوده است.

تقدیم به آسمان، نور، زمین و باران

و همه دختران و زنان پرتلاش

دکتر مریم میرزاخانی

فرشته ای برای ریاضیات

تصاویر و نوشتار :

دکتر پردیس بهمنی

www.ingramcontent.com/pod-product-compliance
Lightning Source LLC
Chambersburg PA
CBHW040308220526
45473CB00002B/603